TIMM ALLRICH & MARIO MÜLLER

MECKLENBURG-VORPOMMERN

DIE NATIONALPARKS IN FASZINIERENDEN BILDERN

humboldt

INHALT

Nationalpark Vorpommersche Boddenlandschaft
Nationalpark Jasmund
Stralsund
Rostock
Greifswald
Güstrow
Neubrandenburg
Müritz Nationalpark

DIE NATIONALPARKS IN MECKLENBURG-VORPOMMERN

Kaum ein Landstrich in Zentraleuropa bietet eine so immense Biodiversität und Artenvielfalt wie die Natur in Mecklenburg-Vorpommern. Mit drei Nationalparks finden sich so viele Schutzgebiete wie in keinem anderen Bundesland. Dank einer nach wie vor dünnen Besiedlung und günstigen historischen Umständen haben sich mitunter Jahrtausende alte Landschaftsformen erhalten, die sich nirgendwo anders finden lassen.

Unzählige Naturliebhaber, Ruhesuchende und natürlich auch Fotobegeisterte kommen jährlich nach Mecklenburg-Vorpommern, um die einmalige Tier- und Pflanzenwelt zu genießen und für sich zu entdecken.

Naturschutzgebiete, die in den Status eines Nationalparks erhoben werden, genießen den größtmöglichen nationalen und internationalen Schutzstatus. Mecklenburg-Vorpommern ist das einzige Bundesland, das drei der insgesamt 16 deutschen Nationalparks vorweisen kann. Mit den Schutzgebieten Jasmund auf Rügen, den ausgedehnten Wald- und Seenflächen am Ostufer bzw. östlich der Müritz sowie der in Deutschland einmaligen Küstenlandschaft entlang der Vorpommerschen Bodden führen seit 1990 die wertvollsten Naturräume in Mecklenburg-Vorpommern den Titel eines Nationalparks.

Bereits die Betrachtung der nüchternen Zahlen rund um die Schutzgebiete ist für sich genommen beeindruckend. 2,1 Prozent der terrestrischen Fläche Mecklenburg-Vorpommerns wird den Nationalparks zugerechnet (Bundesdurchschnitt 0,6 Prozent), was fast selbstredend auch in dieser Disziplin die Spitzenposition im nationalen Vergleich bedeutet. Etwas weniger als ein Viertel der deutschlandweiten, terrestrischen Nationalparkflächen liegen in Mecklenburg-Vorpommern, was in totalen Zahlen 48100 Hektar entspricht. Der Müritz-Nationalpark ist der mit Abstand größte terrestrische Nationalpark in Deutschland, der Nationalpark Jasmund wiederum der kleinste.

Das erklärte Ziel aller Schutzbemühungen und -maßnahmen ist der Erhalt biologisch wertvoller und einzigartiger Ökosysteme, die sich in der Gesamtheit ihrer Prozesse frei entfalten und vom Menschen unbeeinflusst entwickeln sollen. Es werden also weder lenkende noch pflegende oder nutzende Eingriffe in die Naturräume vorgenommen, die sich unabhängig von einer vermeintlichen Beurteilung über „richtige“ oder „falsche“ Entwicklungsschritte vollständig allein überlassen werden.

Neben dem Schutz heimischer Tier- und Pflanzenarten, von denen etliche stark bedroht sind, bilden die Nationalparks in ihrem weltumspannenden Netzwerk für viele wandernde Arten quasi Trittsteine in einer durch den Menschen stark beeinflussten Umwelt. Dies trifft für Mecklenburg-Vorpommern in ganz erheblichem Ausmaß zu, da im gemäßigten Klima unserer Breitengrade zweimal jährlich Abermillionen von Zugvögeln in den Nationalparks rasten und sich für den langen Weiterflug stärken.

Nur an wenigen Tagen im Jahr kann man den Weststrand so erleben wie auf diesem Bild. Klares Ostseewasser ohne Schwebteilchen, kaum Wellengang, ein menschenleerer Strand und klare Farben eines makellosen Hochdruckgebiets lassen in dieser Kombination an paradiesische Strände einsamer Südseeinseln denken.

Verlässt man die Sachebene mit ihren beeindruckenden Fakten und der endlosen Informationsvielfalt rund um die Nationalparks in Mecklenburg-Vorpommern und geht hinaus in die Natur, um sie zu erleben, zu begreifen und zu spüren, eröffnet sich dem einfühlsamen Betrachter erst der wahre Kosmos aus Anmut, Schönheit und Einzigartigkeit, der die Begrifflichkeit Nationalpark sprichwörtlich mit Leben zu füllen vermag.

Dieses Buch ist eine aus inniger Verbundenheit und tiefem Respekt der Autoren entstandene Hommage an die aufregende und virtuose Natur Mecklenburg-Vorpommerns. Sie ist verbunden mit der Hoffnung, durch die emotionalen Bilder beim Betrachter einen Schutzgedanken für die Nationalparks implementieren zu können, der aktiven, gelebten Naturschutz begründet und fördert. Denn nur die Dinge, die man kennt, begreift und liebt, ist man bereit zu schützen und dafür Mühen und Anstrengungen in Kauf zu nehmen.

DER NATIONALPARK VORPOMMERSCHE BODDENLANDSCHAFT

Seite 6/7: Ein wahres Schauspiel: Nur im Nationalpark Vorpommersche Boddenlandschaft kann man die ohnehin schon imposante Hirschbrunft vor einer Kulisse der Extraklasse bewundern, wenn sich in den Dünen die stolzen Rothirsche vor den Schaumkronen der tosenden Ostsee aufbauen.

An einem sonnigen und windstillen Sommertag präsentiert sich der Weststrand, dem man ein gewisses Südseefeeling nicht absprechen kann, zahm in touristischer Schönheit.

Wer zum ersten Mal nach einigen Mühen mit dem Fahrrad, der Pferdekutsche oder zu Fuß über einen der endlos erscheinenden Wege durch den unberührten Darßwald den Weststrand erreicht, wird sich an diesen Moment vermutlich sein ganzes Leben zurückerinnern können. Bereits ein weitaus weniger aufwendiger Besuch am Meer zaubert für gewöhnlich ein Lächeln in jedes noch so ernste Gesicht. Wenn man nun aber einen der Dünenzugänge zum Weststrand erreicht und einem noch im Küstenwald der erste helle Sand in die Schuhe oder zwischen die Zehen rinnt, wird dieses Lächeln beim Anblick des wildromantischen und unverbauten Küstenabschnitts zu einem ungläubigen Strahlen. Wo die blanken Stämme der Windflüchter vom weißen Ostseesand umspült werden und das klare Ostseewasser die Küste unaufhörlich formt, findet man den vielleicht schönsten Strand Deutschlands, der eines der vielen Highlights im Nationalpark Vorpommersche Boddenlandschaft darstellt.

Das erste Sonnenlicht taucht den aus den feuchten Bruchwäldern des Ostzingst aufsteigenden Nebel in ein warmes, goldenes Licht.

Das gesamte Fischland-Darß-Zingst ist eine riesige Baustelle der Natur, auf der unaufhörlich abgetragen, angelandet, umspült und neu besiedelt wird. Während der Weststrand am Darß und der Nordstrand des Ostzingst stetig schrumpfen, entsteht in anderen Bereichen des Nationalparks wie dem Pramort und dem Darßer Ort ständig neues Land. Was an anderen Orten Jahrmillionen dauert, kann hier begünstigt durch Klima, Wetter und Strömungen in einem Menschenleben beobachtet werden.

Die ausgedehnten Waldflächen auf dem Ostzingst und dem Darß sind ebenso Teil des Nationalparks und immens bedeutender Lebensraum für viele selten gewordenen Tiere und Naturschauspiele.

Der Nationalpark ist nicht nur ein bedeutendes Brutgebiet für viele Vogelarten, sondern auch eine im westlichen Ostseeraum alternativlose Raststätte für den globalen Vogelzug.

Die zweifelsfrei höchste biologische Wertigkeit in puncto Artenvielfalt und ökologischer Bedeutung haben allerdings die Flachwasser- und Uferbereiche der zwischen der Halbinsel und dem Festland gelegenen Boddengewässer, deren lagunenartiger Charakter die Kinderstube vieler Fisch- und Vogelarten darstellt und gleichzeitig ein riesiger Treff- und Rastplatz des Vogelzugs ist.

Der Darßer Weststrand ist der Inbegriff wilder Naturschönheit und steht wie kaum ein anderer Küstenabschnitt Deutschlands für das unberührte Stranderlebnis. Die Lichtstimmungen zum Sonnenuntergang sind nicht nur unter Fotografen legendär.

⬆ Ein perfekter Sonnenuntergang am Weststrand. Die tief stehende Sonne zaubert ein goldrotes Licht auf die blanken Stämme der windschiefen Buchen.

↗ Die schlanken, weitverzweigten Buchen des zum Meer offenen Küstenwaldes scheinen sich nach den letzten Sonnenstrahlen des scheidenden Tages auszustrecken. Zur See geöffnete Waldflächen findet man nur an hochdynamischen Küstenabschnitten wie dem Weststrand.

↘ Nach einem kurzen, heftigen Gewitterschauer sind die vom Wetter gezeichneten Bäume einseitig nass geworden. In der Feuchtigkeit reflektiert sich das Farbinferno des Gewitterhimmels und taucht den Wald in ein unglaubliches Licht.

Füchse streifen im Sommer häufig am Abend die Strandabschnitte des Fischland-Darß-Zingst auf der Suche nach Futter entlang. Vor allem an Abschnitten mit zahlreichen Tagesbesuchern wie dem Weststrand finden sich leider immer fressbare Dinge, die nicht den Weg in den Abfall gefunden haben oder schlichtweg „vergessen" wurden.

Der Weststrand im westlichsten Teil des Nationalparks zählt zu den rauesten und natürlichsten Stränden in ganz Europa und ist für seine märchenhaften Lichtstimmungen bekannt. Auch ein Fuchs weiß es zu schätzen, den Sonnenuntergang am Strand auf einem der durch den Sturm entwurzelten Bäume zu genießen.

Zum Zeitpunkt des Sonnenuntergangs haben die meisten Tagesbesucher längst den langen Rückweg vom Weststrand angetreten. Nun fühlt man sich so unerreichbar abgeschieden, wie es die unberührte Natur ohnehin suggeriert.

Ein Blick, der die gesamte Schönheit der Küstenlandschaft im Nationalpark Vorpommersche Boddenlandschaft in einem Bild vereint.

Der Prerower Strom windet sich vom Bodstedter Bodden durch die Feuchtwiesen des Nationalparks bis fast an die offene Ostseeküste im gleichnamigen Örtchen Prerow. In den frühen Morgenstunden hüllt nicht selten Nebel den geschlängelten Verlauf in mystische Stille.

Das goldene Morgenlicht zeigt einen ausgewachsenen Kranich in seiner vollen Schönheit. Wenn die ersten Sonnenstrahlen sein prachtvolles Gefieder durchdringen, werden auch ansonsten verborgene Details sichtbar.

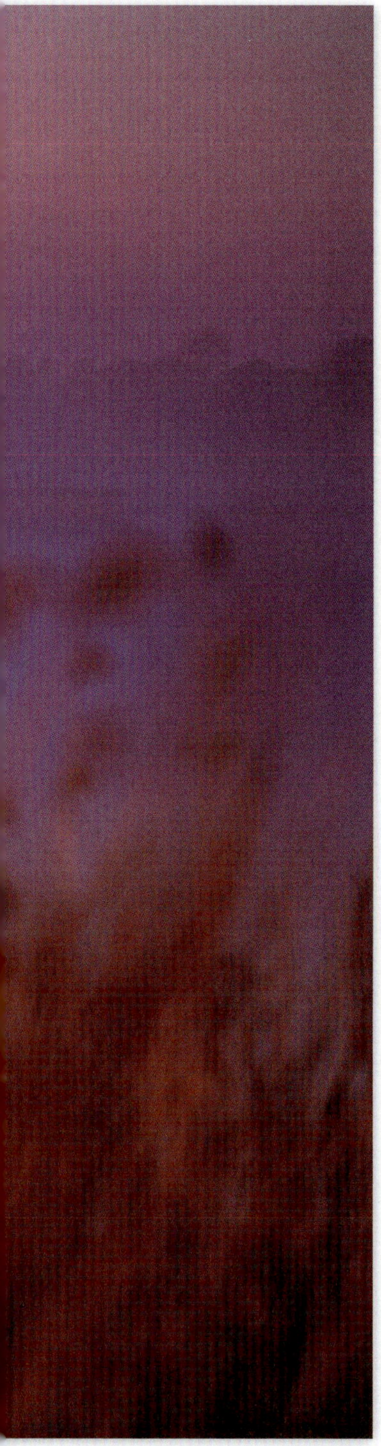

Gefiederpflege ist essenziell für alle Vögel, entsprechend auch für den stattlichen Kranich. Das dichte Federkleid bildet einen effektiven Schutz vor Kälte, Regen und Sturm und ist somit überlebenswichtig für die Tiere.

Viel ruhiger als an den Außenstränden geht es vor allem in den Sommermonaten an den Boddenufern zu. In der blauen Stunde nach Sonnenuntergang ist man dennoch nie allein, da Abermillionen von Mücken in den Abendhimmel aufsteigen.

Zweimal jährlich lassen sich bis zu 90.000 Kraniche in unzähligen Buchten der Bodden des Nationalparks bei ihrer Rast beobachten. Im Oktober ziehen die Vögel von hier nach Südeuropa und insbesondere die iberische Halbinsel weiter, im Frühjahr in die Brutgebiete Skandinaviens.

↑ Ein von der Brunft erschöpfter Rothirsch durchwatet die Flachwasserzonen am Pramort. Im Hintergrund stehen einige Kraniche, die im Nationalpark vor ihrem Flug gen Süden rasten.

↗ Der Zug der Kraniche ist eines der faszinierendsten Naturschauspiele überhaupt. Vom Ostseebad Zingst aus hat man Zugang zu multiplen Beobachtungspunkten, die einen teilhaben lassen an diesem Wunder der Natur.

↘ Eine Gruppe Damwild traut sich im Morgengrauen aus der Deckung der Dünen am Pramort und siedelt durch die Flachwasserbereiche des Windwatts für den Tag in die Futtergründe auf der Insel Bock über. Je nach Windrichtung und Wasserstand kann das Windwatt vollständig trocken liegen oder auch vollständig überfluten.

Im Herbst ist das mächtige Geweih der Rothirsche, das jährlich neu ausgebildet wird, voll entwickelt, nachdem sie im vorangegangenen Winter, zumeist im Januar oder Februar, ihre Geweihstangen abgeworfen haben.

Im September ist im Nationalpark Vorpommersche Boddenlandschaft – wie überall in unseren Breiten – Rotwildbrunft. Bedingt durch die in der Nationalparksatzung festgeschriebene Jagdruhe ist die Brunft wie hier am Darßer Ort hautnah zu erleben, da sich das nur wenig scheue Wild auch am Tage zeigt.

Die kräftigsten und attraktivsten Rothirsche buhlen wochenlang lautstark um die Gunst des weiblichen Geschlechts. Nach einigen Drohgebärden und Kämpfen verbleibt schließlich der Platzhirsch beim Kahlwildrudel.

↑ Erlenbrüche sind die prägende und gleichzeitig imposanteste Waldform im Darßwald und bilden einen für den Menschen beinahe undurchdringlichen Lebensraum, der vielen seltenen Tier- und Pflanzenarten als Zufluchtsort dient.

← Die Wasserfeder ist ein selten gewordener Anblick in den Mooren Mecklenburg-Vorpommerns. Die gerade unter Wasser weit ausladende, grazile Wuchsform der Pflanze fällt zusammen wie ein Kartenhaus, wird die Pflanze dem Wasser entnommen.

➚ Ein besonders farbenfrohes, jährlich wiederkehrendes Schauspiel ist die Blüte der Sumpf-Schwertlilien in den Bruchwäldern auf dem Ostzingst und dem Darßwald, hier im ersten Morgenlicht.

➔ Die auch als Wasser-Schwertlilie bekannte Pflanze ist in Deutschland und Eurasien weitverbreitet und nicht gefährdet. Sie gedeiht besonders in den Verlandungszonen sowohl fließender als auch stehender Gewässer und kann eine imposante Höhe von bis zu zwei Metern erreichen.

Kampfläufer sind aus biologischer Sicht als Verlierer der letzten Jahre zu bezeichnen und mittlerweile vollständig als Brutvögel aus unserer Landschaft verschwunden. Inwieweit die Klimaerwärmung oder der Biotopverlust dafür verantwortlich zu machen ist, lässt sich bisher nicht eindeutig klären.

Der Karmingimpel, ein sogenannter „Neubürger“ und ursprünglich in Osteuropa beheimatet, brütet erst seit einigen Jahrzehnten in Mecklenburg-Vorpommern. Den Winter verbringen Karmingimpel im fernen und warmen Indien.

Die Moorotter ist keine eigenständige Schlangenart, sondern eine Farbvariante der Kreuzotter, der das ansonsten so typische Zickzackmuster auf dem Rücken komplett fehlt und die entsprechend vollständig schwarz gefärbt ist. Im Nationalpark ist sie aufgrund ihrer guten Tarnung nur selten anzutreffen, wenngleich sie eine häufige Bewohnerin ist.

Die Gewässer östlich der Südspitze Hiddensees, dem Gellen, sind wie die Bodden entlang des Fischland-Darß-Zingst durch äußerst niedrige Flachwasserbereiche und dichte Schilfgürtel charakterisiert und bilden einen Lebensraum von erheblicher biologischer Diversität.

Ein auffälliger und exotisch anmutender Brutvogel auf den flachen Inseln im Bodden ist der Säbelschnäbler. Mit seinem schwarz-weißen Gefieder ist er weithin sichtbar und kann entsprechend leicht bei der Nahrungsaufnahme in den Flachwasserbereichen beobachtet werden.

Der Kiebitz ist vielerorts vom Bestandsrückgang betroffen. Im Nationalpark Vorpommersche Boddenlandschaft findet er noch optimale Brutbedingungen, sodass alleine auf der Insel Kirr ca. 120 Paare dieses wunderschönen Vogels brüten.

Rotschenkel gehören zu den Vogelarten, die im Bestand deutschlandweit abnehmen. Im Nationalpark findet der Rotschenkel auf der Insel Kirr noch optimale Brutbedingungen, so dass dort ca. 100 Brutpaare heimisch sind. Durch die Wiedervernässung und Beweidung der Wiesen in der Sundischen Wiese wird versucht, weitere Bruthabitate für diese Vogelart attraktiv zu machen.

Die Zahl der auf den Feuchtwiesen brütenden Vögel geht trotz aller Schutzmaßnahmen jährlich weiter zurück. Zu den Verlierern der vergangenen Dekaden gehört auch die Uferschnepfe. Auf der Vogelschutzinsel Kirr brüten noch ca. 55 Paare.

Die für den Tourismus weniger spektakulären Boddengewässer sind mit ihren Flachwasserbereichen die Kinderstube vieler heimischer Tier- und Pflanzenarten. Aus ökologischer Sicht und Wertigkeit sind die Bodden das wahre Tafelsilber des Nationalparks.

↑ Rohrsänger nutzen die schilfbewachsenen Boddenbereiche zur Nestanlage. Kunstvoll sind die Nester mit den Rohrhalmen verwoben und bieten den Jungvögeln eine sichere Brutstätte.

↑ Der Name der Bartmeisen leitet sich von ihrem schwarzen Bartstreifen ab. Es ist überaus faszinierend zu beobachten, wie behände und flink sie sich im dichten Schilfstreifen der Boddengewässer spielerisch fortbewegen.

↗ Hunderte Meter breit erstreckt sich an einigen Stellen der Schilfgürtel entlang der flachen Uferbereiche in den Boddengewässern des Nationalparks – auch dies ist ein Lebensraum für viele seltene Vogel- und Insektenarten.

↘ Sobald die Sonne ihr erstes Licht über den Horizont wirft, beginnen die Kraniche unruhig zu werden und verlassen in mitunter gigantischen Zügen die Schlafplätze, um zur Nahrungsaufnahme auf die umliegenden Felder zu fliegen.

Ein Schneesturm hüllt den Nordstrand in Schweigen. Die Melancholie des Winters umgibt in solchen Momenten eine morbide Schönheit.

⬆ Bei Nord- bzw. Nordostwind schiebt die winterliche Ostsee am unberührten Nordstrand des Ostzingst Eis und Schnee zusammen. Die Gischt gefriert an Treibgut und umgestürzten Bäumen zu skurrilen Gebilden.

⬆ Aus der Vogelperspektive lassen sich die vielen feinen Kanälchen, die die Insel Kirr wie Adern durchziehen, vor allem im Winter wunderbar abgrenzen. Die flachen Feuchtwiesen, die nur wenige Zentimeter über dem Wasserspiegel liegen, sind eines der wichtigsten Brutgebiete für Seevögel in Deutschland und beherbergen zahlreiche stark bedrohte Arten.

↗ Seeadler sind keine Zugvögel und verbringen auch die Winter in den Nationalparks Mecklenburg-Vorpommerns. Da sie bei der Nahrung nicht wählerisch sind und ein breites Beutespektrum existiert, können sie sich unproblematisch von Fisch- auf Fleischnahrung umstellen und erbeuten z. B. Wasservögel oder auch Säugetiere.

↘ Im Nationalpark dürfen die ungezähmten Naturgewalten die Landschaft ungehindert formen. Permanent wird durch die unaufhörliche Brandung Land abgetragen, um an anderer Stelle wieder neu zu entstehen. So befindet sich die Landschaft in einer vom Wandel dominierten, ständigen Veränderung.

⬆ Seeadler sind extrem anpassungsfähige Jäger und können bei gefrorenen Beutegewässern schnell auf andere Nahrungsquellen umdisponieren. Auch tote Tiere werden dann in ihr Spektrum aufgenommen, sodass sie auch als Aasfresser zu bezeichnen sind.

↗ Sinken die Temperaturen in den Wintermonaten unter den Gefrierpunkt, friert zuerst der Bodden zu. Dies liegt zum einen an der geringen Wassertiefe, die durchschnittlich bei nur ca. zwei Metern liegt, zum anderen aber auch am deutlich geringeren Salzgehalt im Vergleich zur offenen Ostsee.

↘ Die Balz der Seeadler beginnt sehr früh im Jahreszyklus, sodass die ersten Balzrufe bereits im Februar weithin im Nationalpark zu hören sind.

⮉ Für die in Skandinavien brütenden Langstreckenzieher ist der Nationalpark ein überaus wichtiges Rastgebiet und als Trittstein auf ihrem Flug nach Süden für einige Vogelflugrouten unumgänglich. Diese Meerstrandläufer rasten nach einem kräftezehrenden Flug aus Nordskandinavien an einem ruhigen Strandabschnitt.

⬆ Ein intim wirkender Blick zwischen Fotograf und Austernfischer suggeriert eine imaginäre Vertrautheit zwischen Mensch und diesen sensiblen Vögeln.

Seeschwalben sind elegante Flieger, die sich fast ausschließlich von kleinen Fischen ernähren. Diese werden im Stoßtauchen erbeutet, was man als aufmerksamer Betrachter nicht selten vom Ufer aus beobachten kann.

🡅 Als Langstreckenzieher überwintern Küstenseeschwalben bevorzugt in Südafrika oder sogar der Antarktis. Auf ihrem Durchzug lassen sie sich regelmäßig jedes Jahr im Nationalpark beobachten.

↑ Erst im warmen Licht der Morgensonne kommt die Schönheit der oft zu Unrecht verpönten Silbermöwen zum vollen Ausdruck. Sie sind weitverbreitet und bestens an die durch den Menschen beeinflusste Umwelt angepasst.

→ Die Mantelmöwe ist unsere größte heimische Möwe. Nach einem ausgiebigen Bad am Strand schüttelt sich der imposante Vogel das letzte Wasser aus dem Gefieder.

⬆ Die Gelege und Jungvögel der Sandregenpfeifer sind nur schwer zu entdecken. Damit die gut getarnten Gelege nicht versehentlich den Füßen von Strandwanderern zum Opfer fallen, sind die Kernzonen streng geschützt und nicht betretbar.

⬅ Die Sandregenpfeifer gehören zu den regelmäßig im Nationalpark nistenden Vögeln. Sie brüten an Sandstränden oder in den Dünen der Schutzgebiete ihre zumeist vier Eier in mitunter kunstvoll mit Strandgut ausgekleideten Bodengelegen aus.

➔ Wenn auf Ostwind drei Tage Windstille im Frühjahr aufeinanderfolgen, noch keine Algen im flachen Ostseewasser aufblühen und das Wetter mitspielt, sind die Bedingungen für Bilder wie dieses gegeben. Durch die perspektivische Verzerrung der Panoramaaufnahme wirkt der Darß wie eine ferne Südseeinsel.

Die Weißdünenfelder des Ostzingst am Pramort bilden die höchste und größte Dünenlandschaft des deutschen Ostseeraums. Vor der Erschließung und Nutzung des Ostzingst durch den Menschen waren die Dünen noch weitaus ausgedehnter, ähnlich den Dünen auf der Kurischen Nehrung.

⬆ Ein Blick von von der Aussichtsplattform Hohe Düne offenbart die Weitläufigkeit der Küstenlandschaft im Nationalpark Vorpommersche Boddenlandschaft. Die wenigen Spuren menschlichen Handelns hat die Natur in den vergangenen 30 Jahren gekonnt vertuscht.

Ein Ort der Begegnung: Wenn das Meer unmittelbar und ohne Dünenschutz auf offene Waldflächen trifft, sind der Erosion kaum Grenzen gesetzt. Jedes Jahr verleibt sich das Meer hier mehrere Meter Land ein. Die entwurzelten Bäume werden zum Teil wieder angespült und prägen das Bild einer der aufregendsten Küstenlandschaften im Ostseeraum.

Der Nordstrand des Ostzingst gehört zur Kernzone des Nationalparks und darf nur zu den Nationalparktagen jährlich in geführten Touren betreten werden. Durch die vielen umgestürzten Bäume wirkt der Strand wildromantisch und vermittelt ein unwirkliches Gefühl von Abgeschiedenheit.

Die Brandung zehrt unermüdlich an der Substanz der Küste und hinterlässt in Bereichen, die nicht durch den Menschen bewirtschaftet werden, ein Chaos unwiderstehlicher Schönheit. Das fein ausgewaschene Holz der umgestürzten und ineinandergeschachtelten Baumriesen wird bei jedem Sturm aufs Neue umdekoriert.

Das Leuchtfeuer am Darßer Ort warnt Schiffe bis in eine Entfernung von 23 Seemeilen vor den Gefahren der Untiefe der Darßer Schwelle. Mit über 100.000 Besuchern jährlich zählt der Leuchtturm zu den meistbesuchten Deutschlands. Das Natureum im benachbarten Wärterhäuschen ist eine Außenstelle des Deutschen Meereskundemuseums Stralsund und begeistert mit wechselnden Ausstellungen rund um die fragile Natur des Nationalparks.

↑ Ein Hagelsturm trifft ungebremst von der offenen Ostsee auf die Westküste Hiddensees. Der Leuchtturm am Dornbusch ist ein Symbol für Standhaftigkeit gegen Wind und Wetter geworden.

Diese wunderschöne Wolkenformation ist vermutlich das Resultat einer Inversionsschicht, die sich in einigen hundert Metern Höhe am Übergang vom Meer zum Land gebildet hat. Das seicht abfallende Hügelland im Vordergrund bildet den östlichen Teil des Dornbuschs.

Ein absoluter Klassiker unter den Hiddensee-Motiven: Der Leuchtturm Dornbusch eingerahmt von einem der schönsten Windflüchter der Ostseeküste.

Ein Sturm zieht auf. Kaum ein Ort in Mecklenburg-Vorpommern erlaubt einen derartig weitreichenden Rundumblick wie der Dornbusch auf Hiddensee, der nördlichste Teil des Nationalparks.

➔ Erst im Überflug offenbaren sich die Komplexität und Weite der Schilfgürtel an den Boddenufern. Wie zarte Fäden durchspinnen zahlreiche Tierpfade das Schilf.

➔ Der Darßer Ort ist wie kein anderer Platz im Nationalpark einem ständigen, mitunter täglichen Wandel unterlegen. Durch Abtragung an der Westseite und Anlandung in östlicher Richtung entsteht – geformt von Wind und Wellen – unaufhörlich neues Land.

➔ Die Werder-Inseln in der Kernzone des Nationalparks mit ihren vorgelagerten Sandbänken auf der einen und dem Windwatt auf der anderen Seite sind ein immens wichtiges Rastgebiet vieler Vogelarten. Die Flachwasserbereiche werden im Frühjahr und Herbst von den ziehenden Kranichen als Schlafplatz genutzt.

➔ Ein Blick aus der Luft lässt die Dimensionen der Steilküste am Dornbusch am Nordzipfel Hiddensees erahnen. Wie eine offene Wunde klafft die hochdynamische Küste der offenen See entgegen. Die Gewalten des Meeres bedingen eine unaufhaltsame Erosion, die das Bild des Steilhangs fast täglich verändern.

Dieser Sonnenaufgang am Darßer Ort erinnert an eine afrikanische Savannenlandschaft. Vereinzelte Kiefern haben sich auf dem jungen Land angesiedelt und bilden optische Fixpunkte in den flachen Dünen und Salzwiesen.

DER MÜRITZ-NATIONALPARK

Seite 62/63: Vom Streiflicht golden gefärbte Nebelschwaden ziehen über einen seit vielen Jahren überfluteten Flachwasserbereich mit hohem Totholzbestand. Biotope wie dieses stellen nicht nur im Müritz-Nationalpark Rückzugsmöglichkeiten für viele Tier- und Pflanzenarten von unschätzbarem Wert dar.

Nationalparks sind wichtige Puzzlesteine auf dem Weg zum Erhalt der biologischen Vielfalt auf unserem Planeten. Gerade in Mitteleuropa gibt es praktisch keine Wildnis mehr, da sämtliche Landschaftsräume durch den Menschen beeinflusst bzw. bewirtschaftet werden. Mit der Gründung von Nationalparks wird dieser Entwicklung Einhalt geboten, sodass sich die Tier- und Pflanzenwelt in den Landschaftsformen entfalten und frei vom Einfluss des Menschen entwickeln kann.

Kein Lüftchen geht an diesem warmen Sommermorgen. Gemächlich steigt der zarte Nebel aus dem ruhigen See empor, in der Ferne ruft ein Kranich. Es ist die wunderbarste Zeit des Tages und ein wahrhaftes Geschenk, dem Erwachen der Natur beiwohnen zu dürfen.

Der Müritz-Nationalpark stellt eine typische Wald- und Seenlandschaft Norddeutschlands bzw. Mitteleuropas unter Schutz. Mit seinen ausgedehnten Wäldern ist er der größte Waldnationalpark Deutschlands. Er umfasst zwei räumlich voneinander getrennte Gebiete der Mecklenburgischen Seenplatte sowie der Feldberger Seenlandschaft. Allein 400 aktive Moore und 108 malerische Seen, die größer als ein Hektar sind, befinden sich im Nationalparkgebiet. Auch die Müritz, der zweitgrößte See Deutschlands, gehört mit einem ca. zehn Kilometer langen Uferabschnitt und den angrenzenden Flachwasserbereichen am Ostufer zum Nationalpark.

Kurz vor dem Beuteschlag streckt der Seeadler seine Fänge nach vorn, um zielsicher zuschlagen zu können. Der kräftige Schnabel spielt beim Erlegen der Beute keine Rolle, sondern dient dazu, später die Beute zu zerlegen.

Drei Viertel der Waldflächen werden Kiefernwälder mit teilweise uralten Bäumen zugerechnet. Die wertvollen Buchenwälder befinden sich im östlich von Neustrelitz gelegenen Teil des Parks nahe der kleinen, namensgebenden Ortschaft Serrahn. Genau wie der Buchenwald im Nationalpark Jasmund wurden auch Teile des Serrahner Buchenwaldes 2011 in die Liste der UNESCO-Weltnaturerbestätten aufgenommen. Durch die Nutzung als Jagdgebiet der Großherzogtümer in vergangenen Jahrhunderten und einem bereits zu DDR-Zeiten bestehenden Status als Naturschutzgebiet sind die Waldflächen im Serrahn einer gnadenlosen Abholzung entgangen und schätzungsweise bereits seit 150 Jahren von menschlicher Nutzung verschont.

Für den Besucher ist das Wegenetz – egal ob mit dem Rad oder zu Fuß – hervorragend ausgebaut, wobei mehr als 450 km

⬆ In den Tiefen der Wälder des Müritz-Nationalparks sieht es zuweilen aus wie in den Urwäldern Südamerikas.

Wanderwege und ca. 270 km Radwege durch die Natur des Parks führen. Vom familienfreundlichen Rundwanderweg bis zu gezielten Naturbeobachtungstouren werden rund ums Jahr zahlreiche Routen vorgeschlagen bzw. sogar vom Nationalpark geführt angeboten. So lassen sich unter anderem die Hirschbrunft im Herbst sowie zweimal jährlich die Schlafplätze und der morgendliche Aufstieg der Kraniche aus nächster Nähe beobachten. Eine wunderschöne und äußerst informative Ausstellung zum Thema „Im Reich der Buchen" ist in der Ortschaft Serrahn zu bestaunen.

Lassen Sie sich verzaubern von der Stille, der Anmut und der Zerbrechlichkeit einer einmaligen Landschaft, die uns erahnen lässt, wie wunderbar heimische Lebensräume unter natürlichen Bedingungen aussehen und gedeihen können.

➔ Seeadler jagen hauptsächlich in den frühen Morgenstunden. Dieser Adler hat gerade den Frust eines erfolglosen Beutezugriffs zu verdauen. Die fallenden Wassertropfen, die im Gegenlicht gut zu erkennen sind, bezeugen das Eintauchen.

⬆ Das Nest legt der Kranich fast immer so an, dass es vollständig von Wasser umgeben ist. Auf diese Weise sind sowohl die Eier als auch das brütende Weibchen vor Plünderern besser geschützt. Kranichweibchen legen fast immer zwei Eier und ziehen entsprechend ein bis zwei Jungvögel groß (beide Eltern brüten).

↗ Vielerorts herrschen im Nationalpark – unter anderem in Verlandungszonen von Seen und Teichen, in den typischen Kesselmooren oder auch den weitläufigen Erlenbrüchen – optimale Brutbedingungen für Kraniche. Langsam schreitend und für das menschliche Auge beinahe unsichtbar bewegt sich der Kranich rund um seinen Nestbereich.

↘ Die immens wichtige Gefiederpflege nimmt täglich viel Zeit in Anspruch. Gut zu sehen ist hier die rot gefärbte Kopfplatte, die – anders als zu vermuten – einer Hautpartie ohne Gefieder entspricht, die bei Erregung tiefrot anschwillt.

↑ Die weitläufigen Schilfgürtel an der unberührten Ostmüritz sowie die im Hinterland gelegenen Flachwasserseen bilden einen idealen Rastplatz für Kraniche und viele weitere Zugvogelarten.

↗ Kraniche im Licht der untergehenden Sonne an einem ihrer Schlafplätze in den Flachwasserzonen des Müritz-Nationalparks. Weithin sind die Trompetenrufe dieser beeindruckenden Vögel zu hören. Im Oktober werden vom Nationalpark Führungen zu den Kranichschlafplätzen angeboten.

↘ Kraniche im Porträt – die rote Kopfplatte ist hier gut zu erkennen. Die lauten, unverkennbaren Rufe der Kraniche nennt man auch „Trompeten".

⬆ Die Paarungs- oder auch Rammelzeit der Feldhasen hat eine ausgedehnte jahreszeitliche Spanne von Januar bis in den August. Dabei fechten die Männchen regelrechte Boxkämpfe untereinander aus, die genauestens von den Weibchen beobachtet werden. Diese suchen sich im Anschluss die kräftigsten Männchen zur Paarung aus.

⬆ Der Schreiadler ist die seltenste Adlerart in Deutschland, wobei Mecklenburg-Vorpommern mit ca. 100 Brutpaaren einen derzeit relativ stabilen Bestand aufweist. Die Nahrungssuche erfolgt interessanterweise laufend am Boden.

Erstes, saftiges Grün bricht im Mischwald an den Ufern des Mühlensees aus den vom Winterschlaf erwachten Trieben der jungen Buchen und verkündet den Aufbruch der Natur. Obwohl der Schreiadler auf Feldern und Wiesen jagt, sind abgeschiedene Waldgebiete wie dieses sein Bruthabitat.

Auch wenn dieser Wald aussieht wie ein Urwald, ist er noch keiner: Erst nach einem vollständigen Regenerationszyklus spricht man von einem Urwald. Die Buchenwälder des Müritz-Nationalparks sind auf einem guten Weg, einer zu werden.

Die beeindruckenden Buchenwälder im UNESCO-Weltnaturerbe gehören zu den schönsten Waldlandschaften Europas.

↑ Die Balz der Rothalstaucher, die bereits im April beginnt, ist äußerst amüsant zu beobachten. Die Partner vollführen skurrile Synchronbewegungen, um sich kurz darauf auf der bereits vorhandenen Nestunterlage zu paaren. Dabei legt sich das Weibchen flach auf das Nest und erwartet das Männchen, das mit einem Satz aus dem Wasser direkt auf das Weibchen springt und sie begattet.

↗ Der Rothalstaucher ist die seltenste Taucherart in Deutschland. Er brütet auf Flachwasserseen und baut seine Nester geschützt auf Schwimmpflanzen. Auch im Müritz-Nationalpark ist der Rothalstaucher Brutvogel.

↘ Die kleinste Taucherart in Deutschland sind die Zwergtaucher. Sie brüten an Kleinstgewässern, die oft von Wasserpflanzen vollständig überwachsen sind. Obwohl es den Vögeln vermutlich egal ist, besitzen die Bedingungen zur Brutzeit mit den farbigen Blütenständen der Wasserpflanzen eine impressionistische Komponente höchster Ästhetik.

➔ Ein Höckerschwan verlässt auf die für ihn so typische Weise mit schwerem Flügelschlag und reichlich Getöse sein Brutgebiet, um zur Nahrungsaufnahme auf die umliegenden Wiesen zu fliegen.

Majestätisch und nur vom Vollmond in der Dämmerung erhellt schwimmt dieser Höckerschwan auf seinem Brutteich. Höckerschwäne zählen zu den häufigen Brutvögeln im Müritz-Nationalpark.

Beim anmutigen Tiefflug zweier Höckerschwäne über einen spiegelglatten See berühren die Federspitzen beinahe die Wasseroberfläche.

Spieglein, Spieglein, wer ist der Schönste im ganzen Land? Wenige Tage alte Höckerschwäne werden von ihren Eltern auf dem spiegelglatten See ausgeführt.

⬆ Wenn der Nebel in dicken Schwaden über den spiegelglatten See zieht, zerfließen die Grenzen zwischen Realität und Illusion.

↑ Der Schweingartensee im Müritz-Nationalpark ist vor allem für den hohen Totholzanteil an seinen unbebauten Ufern bekannt, der durch eine regulierende Wasserstandsanhebung aus dem Jahr 1994 entstanden ist.

↗ Es ist Spätherbst im Müritz-Nationalpark. Nach kalten Nächten steigt im Morgengrauen langsam der Dunst aus den Gewässern auf, die noch immer einen Teil der sommerlichen Wärme in sich tragen.

↘ Nur schemenhaft lassen sich die Umrisse des gegenüberliegenden Waldes im Morgengrauen abgrenzen, wenn schwere Nebelschwaden über den herbstlichen See getragen werden.

⬆ Kormorane brüten nur vereinzelt direkt im Nationalpark, sind aber als Durchzügler und Nahrungsgäste häufig anzutreffen. Die abgestorbenen Erlen dienen ihnen als Ruheplätze, auf denen sie in typischer Stellung ihr nasses Gefieder trocknen.

⮉ Dichter, bodennaher Morgennebel auf einem der unzähligen Seen des Müritz-Nationalparks. Der Haubentaucher zieht bereits kurz nach Sonnenaufgang langsam seine Runden.

Extrem selten ist der Gesang des Schilfrohrsängers zu vernehmen. Er brütet versteckt im Röhricht der endlosen Schilfgürtel. Sein markanter, heller Überaugenstreif ist das kennzeichnende Merkmal zur Abgrenzung gegenüber ähnlichen Arten.

Der Libellenschlupf ist ein wundersames und beeindruckendes Naturschauspiel, da die Libellen zeitgleich zu Hunderten schlüpfen. Die Jungtiere klettern die Schilfhalme empor, um ihre Flügel vom lauen Frühlingswind und den warmen Sonnenstrahlen trocknen zu lassen, bevor sie sich in die Lüfte erheben.

Einst war das Braunkehlchen ein häufig anzutreffender heimischer Wiesenbewohner. Durch die Melioration und Trockenlegung vieler feuchter Wiesen sind seine Bestände in unseren Breiten stark zurückgegangen. Im Müritz-Nationalpark ist das Braunkehlchen als seltener Brutvogel noch vorhanden.

Von Ende April bis in den Juni hinein gedeiht auf nährstoffreichen Feuchtwiesen das wunderschöne Wiesen-Schaumkraut. Die Blüten werden durch ihren Nektarreichtum von zahlreichen Insekten angeflogen und bestäubt.

Im Müritz-Nationalpark kommen alle drei Arten des in unseren Breiten geläufigen Sonnentaus vor. Ebenso wie der hier im letzten Abendlicht schimmernde Mittlere Sonnentau weisen sowohl der Rund- als auch der Langblättrige Sonnentau sehr enge Standortfaktoren auf, sodass schon bei kleinsten Eingriffen in das Ökosystem dieser unter strengem Schutz stehenden Pflanzen ein rascher Rückgang zu beobachten ist.

Im Juni stehen die Wiesen in voller Blütenpracht. Der Bach-Nelkenwurz wurde von der Stiftung Naturschutz Hamburg 2007 zur Pflanze des Jahres gewählt, um auf die gefährdeten Nass-Lebensräume aufmerksam zu machen. Die Klettfrüchte der Pflanze imponieren im Gegenlicht wie kleine Federn, die durch den Wind fortgetragen werden und somit für die Verbreitung dieser Pflanzenart sorgen.

Auf den Stegen rund um die Wienpietschseen kann der sanfte und umsichtige Besucher neben der für die Müritzregion typischen Moorlandschaft auch die Tierwelt aus nächster Nähe betrachten. Diese Ringelnattern tanken Kraft in den wärmenden Strahlen der Frühlingssonne.

Während sich Ottern stets durch spaltförmige Pupillen auszeichnen, weisen Nattern kreisförmige Pupillen auf. Die weitläufig verbreitete Ringelnatter ist zudem unverkennbar durch die strahlend gelben Halbmonde hinter ihrem Kopf charakterisiert.

Ende März legen die männlichen Moorfrösche ihr himmelblau anmutendes Hochzeitsgewand an und versuchen durch kunstvolles Werben die Gunst der Weibchen zu erlangen. Ist die Balzzeit vorbei und die Paarung vollzogen, kleiden sie sich wieder in schlichtes Braun.

Blässhühner sind auf den Gewässern des Müritz-Nationalparks weitverbreitet. Sobald die Nacht vorbei ist, beginnt die morgendliche Körperhygiene mit einem ausgiebigen Bad, bevor die Flügel gedehnt und gestreckt werden.

Der Fischadler ist ein typischer Vertreter und gleichzeitig Symbolvogel des Müritz-Nationalparks. Häufig dienen den nistenden Brutpaaren mächtige alte Kiefern (weit ausladende sogenannte Überhälterkiefern), zunehmend jedoch auch Hochspannungsmasten als Brutplatz. Einige Energieunternehmen bringen extra Nistkörbe auf den Masten an, um Ansiedlung und Nestbau zu erleichtern.

Graugänse brüten häufig im Nationalpark. Zum Äsen begeben sie sich an Land und grasen in den frischen Frühlings- und Sommerwiesen. Die jungen Gössel sind bei allen Ausflügen von Anfang an dabei – Gänse sind Nestflüchter.

Kuckucke sind Nestschmarotzer und nutzen Wirtsvögel zur Aufzucht ihres eigenen Nachwuchses. Sobald der junge Kuckuck geschlüpft ist, versucht er, die Eier bzw. Jungen der Wirtseltern aus dem Nest zu schubsen. Hier zieht ein Drosselrohrsänger einen jungen Kuckuck groß.

↖ Tautropfen auf einem Spinnennetz – ein fragiles und über jeden Zweifel erhabenes Kunstwerk der Natur.

← 61 Spinnenarten leben im Müritz-Nationalpark, und jede von ihnen baut ihr ganz spezifisches Netz. Dieser faszinierende Mikrokosmos entfaltet seine ganze Schönheit, wenn sich Morgentau auf den seidenen Fäden sammelt.

→ Während 72 Prozent des Müritz-Nationalparks aus Waldflächen bestehen, machen die Wiesen- bzw. Weideflächen nur einen kleinen Teil aus, nämlich ca. fünf Prozent. Diese nachhaltig bewirtschafteten Flächen sind extrem artenreiche Biotope, die einen Großteil der dort beheimateten 910 verschiedenen Pflanzen- und 673 Schmetterlingsarten beherbergen.

Indian Summer im Müritz-Nationalpark. Die volle Farbigkeit entwickelt das Buchenlaub nach den ersten bitterkalten und entsprechend zumeist klaren Herbstnächten.

⬆ Die gedeckten und dennoch leuchtenden Gelb- und Rottöne wirken in ihrer Farbigkeit und Vielfalt wie einem Portfolio alter Meister entnommen.

Ein feuchter Oktobermorgen beginnt mit dichtem, aufsteigendem Nebel im bunt gefärbten Herbstwald – eine Sinfonie der Farben, die so unbefangen, weich und vitalisierend nur aus der Feder von Mutter Natur stammen kann.

Die Farbigkeit eines Buchenwaldes im Herbstgewand steht der allgemeinen Blüte im Frühjahr an Pracht und Exzellenz in nichts nach. Es scheint fast, als feiere der Wald ein Abschiedsfest, das einen gedanklich über die bevorstehende Kälte und Eintönigkeit des Winters hinwegzutragen vermag.

⬆ Eisvögel bleiben das ganze Jahr über an einem Ort und ziehen im Winter nicht nach Süden. Sie sind zum Überleben auf eisfreie Gewässer angewiesen, um an ihre Nahrung zu gelangen. Durch das türkisfarbene und in der Sonne leuchtend schimmernde Federkleid wirkt der Eisvogel beinahe tropisch.

⬆ Die Nahrung des Eisvogels besteht fast ausnahmslos aus kleinen Fischen, die immer mit dem Kopf zuerst verschluckt werden. Dies geschieht, um ein Aufrichten der Schuppen in der Speiseröhre zu verhindern. Hat der Vogel den Fisch andersherum im Schnabel, wird er an die Jungtiere verfüttert.

⬆ Zur Brunftzeit des Rotwilds werden vom Nationalpark geführte Touren zur Beobachtung angeboten. Diese sollten genutzt werden, da Störungen durch eigenes Vordringen zu den Brunftplätzen nicht gestattet ist und die Ranger ohnehin die besten Stellen zur Beobachtung kennen.

➡ Wälder und Seen, soweit das Auge reicht. Vom Aussichtsturm auf dem Käflingsberg hat man einen unglaublichen Rundumblick auf den größten terrestrischen Nationalpark Deutschlands.

➔ Es ist der Jackpot für jeden Landschaftsfotografen, wenn Sonnenschein auf dichten Nebel trifft und jeder einzelne Sonnenstrahl in biblischem Licht visualisiert wird. Die Erhabenheit der alten Buchen bildet die perfekte Bühne für dieses Schauspiel der Natur.

Ein seltener Anblick: Frischer Schnee fällt auf bunt gefärbtes Buchenlaub und kombiniert virtuos die Schön- und Besonderheiten zweier Jahreszeiten.

Wenn der erste Schnee auf das bunte Laub fällt, werden alle Raschelgeräusche des Laubes eingefroren und es wird still im Wald – eine faszinierende Erfahrung.

Feuchter Aprilschnee fällt in dicken Flocken in den so sehnsüchtig auf Frühling wartenden Buchenwald ein und erstickt für einen Moment die leise Hoffnung auf das erste Grün. Für eine kurze Zeit kann sich der Schnee gegen die Temperaturen knapp über dem Gefrierpunkt behaupten und verzaubert ein letztes Mal den Wald in eine Winterwunderlandschaft.

Ein wunderschöner Birkenbruch an einem nebligen Wintertag. Acht Prozent der Flächen im Müritz-Nationalpark sind von Mooren und Bruchwäldern bedeckt.

Vor allem bei geschlossener Schneedecke haben es Schalenwildarten schwer, Nahrung zu finden. Hat der Wind auf einem Feld beispielsweise eine schneefreie Stelle geschaffen, sammelt sich das Rehwild in größeren Sprüngen, um dort nach Fressbarem zu suchen.

Der Schweingartensee kann über öffentliche Wanderwege sowohl an seinem nördlichen als auch südlichen Ende eingesehen werden: Letzteres gibt einen Blick auf diese wundervolle Insel preis.

DER NATIONALPARK JASMUND

Foto S. 116/117: Die gesamte Küstendynamik vereint in einem Bild. Nur noch die oberste Erdschicht und das darin enthaltene Wurzelwerk bewahren die bereits in Schieflage geratenen Buchen vorerst vor ihrem finalen Sturz in die Tiefe.

Der kleinste und zugleich vielleicht sogar beeindruckendste Nationalpark Deutschlands ist der Nationalpark Jasmund. Seine nahezu senkrecht abfallende weiße Kreideküste ist seit jeher das unumstrittene Wahrzeichen der Insel Rügen und gehört zu den schönsten Steilküsten der Welt. Der sogenannte Königstuhl ist der mächtigste Kreidefelsen und thront 118 Meter imposant über der Ostsee. Wo heutzutage Besucher aus aller Welt weit auf das Meer hinausblicken können, verfolgte und leitete einst Schwedenkönig Karl XII. ein Seegefecht gegen die Dänen. Ermüdet von den Kampfhandlungen ließ er sich einen Stuhl bringen und verfolgte sitzend weiter das Geschehen, was dem Felsen schließlich seinen Namen einbrachte.

Besondere Bekanntheit und internationale Aufmerksamkeit erlangte der Nationalpark Jasmund im Jahr 2011, als eine große Buchenwaldfläche in die Liste des UNESCO-Weltnaturerbes aufgenommen wurde.

Die eindrucksvollste Möglichkeit, den Nationalpark zu erkunden, ist ein ausgedehnter Spaziergang auf dem Hochuferweg, den man von Sassnitz über den Königsstuhl bis nach Lohme laufen kann. An etlichen Stellen öffnet sich der Blick auf die steil abfallenden Kreidefelsen und die einzigartigen Buchenhangwälder, die dem Park einen urzeitlichen Charakter verleihen.

Auch viele berühmte Maler vergangener Jahrhunderte konnten sich der Faszination der weißen Giganten nicht entziehen. So dürften viele Menschen Caspar David Friedrichs Gemälde der Steilküste vor Augen haben, die noch heute als wegweisende Meisterwerke der Romantik gelten, obwohl viele der in Öl verewigten Felsformationen so gar nicht existierten und selbst die ähnlichen Kreideformen heute anders aussehen. Die steilen Küsten sind einer permanenten und durch das weiche Gestein hochdynamischen Erosion unterworfen, die zu ständigen Veränderungen der Küstenlandschaft führt. Nahezu jedes Jahr erzeugen Meldungen von Küstenabbrüchen ein großes mediales Interesse.

Bei auflandigem Wind aus Ost bzw. Nordost zerschellen die Ostseewellen an der Unterkante der Kreideküste und unterspülen die darübergelegenen Steilufer. Auf diese Weise nagt das Meer unerbittlich an der Küste und formt diese – gemessen an üblichen Erosionsgeschwindigkeiten in der Erdgeschichte – im Eiltempo. Selbst große Buchen, die sich verzweifelt mit ihren Wurzeln in der oberen Erdschicht zu halten versuchen, stürzen regelmäßig die Küste hinab und werden von der tosenden Brandung fortgetragen.

Dieser Vorgang macht gleichzeitig den Besuch der Steilküste nicht ganz ungefährlich. Im Frühjahr, wenn der Frost aus dem Boden verschwindet und Feuchtigkeit durch die oberen Erdschichten kriecht, werden selbst unmittelbar am Hochuferweg immer wieder Teile der Küste bei kleineren und größeren Abbrüchen in die Tiefe gerissen, bei denen zum Glück nur äußerst selten Menschen in Gefahr geraten. Vielmehr sind es leichtsinnige Unfälle abseits der Wege, die aus Übermut und mangelnder Vorsicht resultieren und immer wieder Todesopfer fordern.

Die Strände zu Füßen der gigantischen Felsen bleiben immer eine Gefahr, da einzelne Steine oder ganze Hangmassen jederzeit herunter stürzen können. Ein kurze Abstecher an den Strand bei Sassnitz oder am Kieler Bach und das Wandern auf dem Hochuferweg bleiben die sichere Alternative.

Größere Küstenabbrüche tauchen die küstennahen Bereiche der flachen Ostsee in karibische Farben, was sich insbesondere aus der Vogelperspektive bzw. vom Hochuferweg aus gesehen eindrucksvoll darstellt.

Im Frühling kleiden sich die Kreidefelsen in ihr schönstes Gewand und läuten in strahlendem Weiß den Jahreszyklus ein.

Die deutlich unspektakulärere Brunft des Damwilds findet erst im Oktober statt, lange nachdem die Rothirsche ihre beeindruckenden Kämpfe ausgefochten haben. Auch diese Hirsche werfen jedes Jahr in den Wintermonaten ihr Geweih ab, um es bis zum nächsten Sommer neu zu bilden.

Durch die wilde, den Naturgewalten überlassene und vom Menschen nur auf den beschilderten Pfaden genutzte Landschaft weist der Nationalpark eine hohe Biodiversität auf, die sich in Ruhe entwickeln kann. Seltene Pflanzen und Tiere finden hier Refugien, in denen sie ungestört leben und gedeihen können. So brüten an den Steilklippen beispielsweise Mehlschwalben und Wanderfalken, während das gesamte Nationalparkgebiet zudem sehr wildreich ist. Dem zeitigen Besucher erschließt sich diese Wunderwelt der heimischen Natur in voller Pracht und gewährt intime Einblicke in ein intaktes Ökosystem.

Der Herthasee ist ein annährend kreisrunder Moorsee mitten im Jasmunder Buchenwald, der bis zu elf Meter tief ist. An seinem nordöstlichen Ufer liegt eine alte Wallanlage aus Zeiten der slawischen Besiedlung im 8. bis 12. Jahrhundert, die bis zu 17 Meter hohe Herthaburg.

Das bewaldete Hinterland der Kreidefelsen steht der Küstenlandschaft in puncto biologischer Wertigkeit in nichts nach. Zahlreiche Moore und Kleinstseen, wie z. B. der sagenumwobenen Herthasee, liegen inmitten der ausgedehnten Buchenwälder, die einen hohen Totholzanteil aufweisen, der wiederum Geburts- und Heimstätte unzähliger Kleinstlebewesen und gleichzeitg Nährboden für neues Leben ist.

Die interessante und manchmal auch überraschende Geschichte des Nationalparks und seiner Naturräume lässt sich rund ums Jahr für die ganze Familie wunderbar im Nationalparkzentrum am Königsstuhl erleben. Mögen noch viele Generationen nach uns diese einmalige Landschaft in ihrer ganzen Bandbreite bestaunen können.

Wenn der Herbst im Jasmund Einzug hält, färbt er den Hangwald in den prächtigsten Farben. Der Hangwald laubt immer etwas früher ab als die angrenzenden, geschützter liegenden Küstenwälder, präsentiert sich dafür jedoch umso farbenfroher und kontrastreicher.

In diesem Bereich mit besonders großer Küstendynamik gibt es jedes Jahr mitunter mehrere kleine Abbrüche. Die Steilkante wirkt, als wäre sie mit dem Spaten abgestochen worden. Es ist nur eine Frage kurzer Zeit, bis der Hochuferweg wieder einmal tiefer in den Wald zurückverlagert werden muss.

Weiße Klippen, Wald und Meer – der Nationalpark Jasmund in einem Bild.

⬆ Stolz präsentiert sich dieser kolossale Damhirsch im Abendlicht. Neben dem für Damwild typischen Schaufelgeweih ist vor allem die noch vorhandene gefleckte Sommerfärbung das auffälligste Kennzeichen dieser mittelgroßen Hirsche.

➡ Damwild ist sehr häufig in den Wäldern des Jasmund anzutreffen. Im Gegensatz zum heimischen Rotwild wurde es hier erst in den 60er Jahren ausgewildert. Erst das morgendliche Gegenlicht lässt bei diesem Damhirsch die feinen Strukturen und Facetten des Fells sichtbar werden.

← An stabilen und weniger dynamischen Abschnitten der Kreideküste konnten sich Hangwälder etablieren, die wiederum aktiv der Küstenabtragung entgegenwirken, da sie die oberste Erdschicht stabilisieren. Die Schönheit der Hangwälder sucht vor allem bei aufsteigendem Dunst ihresgleichen.

↑ Mit sanfter Gewalt kerbt sich der Kollicker Bach in das weiche Gestein und formt einen Bachlauf von malerischer Schönheit.

← Der Buchenwald des UNESCO-Weltnaturerbes geht direkt bis an die Steilküste heran. An Stellen wie dieser, an denen eine hohe Küstendynamik herrscht, bietet sich entsprechend ein zum Meer offener Charakter, da junge Bäume langsamer wachsen, als die Küste wieder abbricht.

↑ Der vielleicht schönste Blick auf die Steilküste liegt oberhalb des Kollicker Ortes direkt am Hochuferweg auf etwa halber Strecke zwischen Kieler Bach und Königstuhl.

Das erste Licht des Tages küsst die Klippen unterhalb der Viktoriasicht. Die Faszination des blauen Wassers, der weißen Felsen und der bunt belaubten Bäume am Hang ist auch nach unzähligen Besuchen dieser atemberaubenden Küstenlandschaft ungebrochen.

↑ Der Blick von der Viktoriasicht ist zu jeder Jahreszeit atemberaubend. Weit über 100 Meter fallen die Kreidefelsen hier steil ins Meer ab. Wer sich traut, kann auf einem schmalen Eisensteg über die Abbruchkante hinaustreten und das Gefühl erleben, fliegen zu können.

➔ Seeadler geraten häufig in Nahrungsstreitigkeiten. Bei ihren unerbittlich ausgetragenen Kämpfen kommt es nicht selten zu Todesfällen, da sich die Vögel mit ihren messerscharfen Krallen gegenseitig gefährlich verletzen können.

Zu den typischen Wintergästen im Nationalpark Jasmund zählen die Singschwäne. Sie brüten vorrangig in Norwegen, Schweden und Finnland. Den Winter verbringen sie entlang der südlichen Ostsee.

Zur Zeit des Vogelzugs werden die Strände des Nationalparks von vielen Vögeln als Rast- und Nahrungsgebiet angeflogen. Dieser Schwarm Meerstrandläufer fliegt die weithin sichtbare und somit zur Navigation bestens geeignete Insel mit ihren steil aufragenden Felsklippen aus Nordskandinavien oder Spitzbergen kommend an.

Strandläufer ernähren sich hauptsächlich von kleinen Muscheln, Schnecken und Würmern. Dabei laufen sie mit hoher Geschwindigkeit die Strandabschnitte entlang und verpassen dennoch keine Nahrungsgelegenheiten.

Der Winter hat die Kreideküste fest im Griff. Die sonst so strahlend weiße Kreide wirkt gegen den frischen Schnee und das aufgeschobene Eis der Ostsee verbraucht und geradezu schmutzig.

Der höchste Wasserfall der norddeutschen Tiefebene begeistert den unerschrockenen Wanderer im Winter mit wunderschönen Eisformationen. Sieben Meter tief fällt hier der im Winter nur als Rinnsal zu erkennende Kieler Bach über ein tief eingeschnittenes Kerbtal in die Ostsee ab.

➔ Ein Seeadler durchstreift sein Revier – in diesem Fall am sagenumwobenen Herthasee – stets auf der Suche nach etwas Fressbarem. Solange sie auf ihren Beutezügen ausreichend Nahrung finden, können Wetter und frostige Temperaturen den Vögeln nichts anhaben.

↑ Erfolgreicher Beutefang eines Seeadlers, dessen stolzer Blick uns zu sagen scheint, für wen man ihn zu halten hat. Im Alter von fünf bis sechs Jahren werden junge Seeadler geschlechtsreif und suchen sich zusammen mit dem Partner ein eigenes Revier. Mit 2,4 Meter Flügelspannweite ist der imposante Wappenvogel Deutschlands der größte heimische Greifvogel.

↗ Junge Seeadler werden im Alter von 30 bis 50 Tagen beringt. Zu diesem Zeitpunkt haben die Füße eine ausreichende Größe, um die Markierungen nicht mehr verlieren zu können. Die Beringung erfolgt koordiniert im Rahmen eines internationalen Beringungsprogramms.

↘ In den letzten Jahren zählte alleine die Insel Rügen 40 Seeadlerbrutpaare. Diese unglaubliche Verdichtung beweist die Qualität des Brutreviers und die Bedeutung für die Art im deutschen Nordosten. Auch auf Rügen werden jährlich Jungadler beringt, um Daten über ihre Wanderungen, ihr Alter und das Ansiedlungsverhalten zu gewinnen. Dieser forsche und unerschrockene Jungadler ist ungefähr 35 Tage alt.

Auf den überspülten nassen Steinen im Vordergrund spiegelt sich das Licht des untergehenden Mondes wider. Durch die extrem lange Belichtung wirkt die Aufnahme fast, als wäre sie bei Tageslicht entstanden.

⬆ Diese stattliche Buche liegt seit vielen Jahren am Kieler Bach den Kreidefelsen zu Füßen, nachdem sie mit einer Erdscholle in die Tiefe abgerutscht ist. Anders als die meisten Bäume wurde sie durch ihre verkantete Lage nicht mit der nächsten Sturmflut aufs Meer getragen.

⮉ Wenn feuchte Luft über die Ostsee in den nahen Küstenwald gedrückt wird, kondensiert sie im deutlich wärmeren Waldesinneren. Eine märchenhafte Stimmung mit intensiven Farb- und auch Geruchswahrnehmungen ist die Folge.

Lediglich im Winter, ohne das dichte Blätterdach, ist es möglich, durch den dichten Hangwald einen Blick auf die tief unterhalb des Hochuferwegs gelegene Ostsee zu erhaschen. Durch lokale Aufwinde an den Kreidefelsen kann es nach Stürmen zu Kreideablagerungen auf den blanken Buchenzweigen kommen, die dann wie bereift aussehen. Nicht zu verwechseln ist dieses Phänomen mit den Kotablagerungen auf einigen Bäumen durch rastende Kormorane rund um den Kollicker Ort.

Die Hangwälder des Nationalparks Jasmund sind einzigartig in Deutschland. Die urtümlich gewachsenen Buchen sind einem speziellen Mikroklima ausgesetzt, das sich neben der besonderen Wuchsform auch auf eine Intensivierung der Laubfärbung im Herbst auswirkt.

Die hoch aufragenden Wipfel der uniformen Buchen bilden ein einzigartiges Blätterdach, das den Säulen einer Kathedrale ähnelt. Es gibt kaum Orte, die inspirierender, erhabener und anmutiger sind als die Buchenwälder des Jasmund.

In jedem Frühjahr bewirkt die wärmende Kraft der ersten Sonnenstrahlen ein wahres Wunder, wenn sie innerhalb weniger Tage aus dem kahlen, winterlich eintönigen Waldboden einen opulenten Blütenteppich aus Abermillionen Buschwindröschen zaubert.

Der Buchenwald im UNESCO-Weltnaturerbe des Nationalparks Jasmund gehört sicherlich zu den schönsten Waldlandschaften Deutschlands. Sein zur Küste offener Charakter macht Lichtstimmungen möglich, die in anderen Wäldern undenkbar sind.

⬆ Wenn die ersten Sonnenstrahlen eines klaren Tages auf die eigentlich weiße Kreide fallen, tauchen sie die Küste in ein unglaubliches, warmes Licht. Die Reflexionen im sanften Wasser wirken wie flüssiges Gold.

➡ An dieser Aussicht lässt sich die Dimension der Kreideküste gut erahnen. Die bis zu 118 Meter hohen Felsen und Klippen sind das Wahrzeichen des Nationalparks Jasmund.

➔ Vor der Küste liegen in den Flachwasserbereichen zahlreiche Findlinge als stumme Zeugen vergangener Abbrüche. Sie dienen durch ihre wellenbrechende Funktion als natürlicher Küstenschutz. Anfang des 20. Jahrhunderts wurde ein Großteil der damals liegenden Findlinge zum Molenbau abtransportiert und damit einer vermehrten Küstenerosion wortwörtlich der Weg geebnet.

DIE FOTOGRAFEN

Mario Müller und Timm Allrich gehören zu den meistbeachteten Fotografen Mecklenburg-Vorpommerns und sind durch ihre Publikationen insbesondere zu den Nationalparks mittlerweile weit über die Landesgrenzen hinaus bekannt.

Mario Müller hat sich in den vergangenen Jahren voll und ganz der Tier- und speziell der Vogelfotografie verschrieben. Seine fachliche Expertise in Kombination mit den großartigen Fotografien machen ihn auf diesem Gebiet zu einem der gefragtesten Dozenten und Workshopleiter.

Mario Müller verbringt einen Großteil seiner Zeit in der Natur. Die Tierfotografie erfordert wie keine zweite Sparte der Fotografie Disziplin, Geduld und mitunter auch die eine oder andere Raffinesse, um sich den Tieren überhaupt nähern zu können (wie z. B. mit diesem Schwimmversteck).

Mario Müller verbindet eine ganz besondere Liebe zur artenreichen Tier- und insbesondere Vogelwelt des deutschen Nordostens. Seine modern gezeichneten Tierporträts sind weit mehr als bloße Dokumentationen. Sie zeugen vom tiefen Verständnis für die Lebensweise und Charakteristika der jeweiligen Tiere und bieten dem Betrachter intime und gefühlvolle Einblicke in die Fauna Mecklenburg-Vorpommerns.

Fast symbiotisch verbinden sich die Tierdarstellungen Mario Müllers mit den gefühl- und stimmungsvollen Landschaftsaufnahmen Timm Allrichs. Ebenso wie bei den Fotografien von Mario Müller bedient sich auch Timm Allrich einer modernen und inspirierenden Farbigkeit, die sich stilistisch und motivisch von den Fotografien vergangener Dekaden deutlich und unverkennbar abhebt.

➔ Der Name Timm Allrich ist mittlerweile beinahe ein Synonym für Landschaftsfotografien aus Mecklenburg-Vorpommern. Durch unzählige Veröffentlichungen, Vorträge und Workshops sind seine Bilder inzwischen zu einem Markenzeichen des Bundeslandes geworden.

➔ In den Grenzbereichen der Elemente unterwegs: Timm Allrich verbindet in seinen Fotografien überraschende Perspektiven mit eindrucksvollen Stimmungen, die die Grenzen des Altbekannten weit überschreiten.

Die wildromantische Darstellung von Naturschätzen vor unserer Haustür ist das verbindende Element beider Fotografen und führte nach jahrelanger, gegenseitiger Wertschätzung fast zwangsläufig zu der Idee, die Bilder zusammenzubringen und so thematisch die Nationalparks in Mecklenburg-Vorpommern mit hohem künstlerischem Anspruch umfassend abzubilden.

Es sei der Hinweis gestattet, dass ein kleiner Teil der gezeigten Tierfotografien außerhalb der Nationalparkgrenzen in nahegelegenen Biotopen entstanden ist.

Viele weitere Fotografien aus den Nationalparks und Naturschutzgebieten in Mecklenburg-Vorpommern sowie Informationen zu Workshopangeboten und Vorträgen sind auf www.darssfotograf.de und www.timmallrich.de zu finden.

AUFNAHMEORTE DER FOTOS

Abkürzungen:
Fotografen: Timm Allrich (TA), Mario Müller (MM), Seitenangabe: unten (u), oben (o), links (l), rechts (r)

Nationalpark Vorpommersche Boddenlandschaft

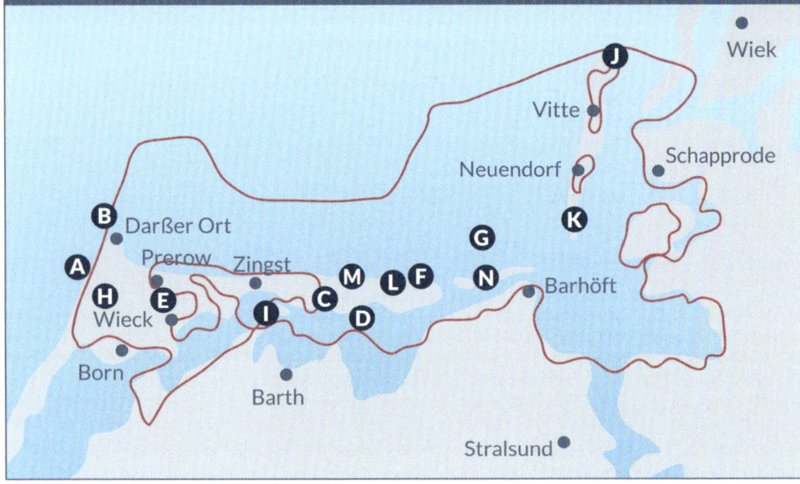

Seite	Kamera	Brennweite in mm	Belichtung in Sek.	Blende f/	ISO	Fotograf
A Weststrand						
5	Canon EOS 5D Mark IV	100	1/4	10	50	TA
8/9	Canon EOS 5D Mark III	24	1/100	10	200	TA
12/13	Canon EOS 5D Mark III	35	0,4	10	50	TA
14	Canon EOS 5D Mark III	18	1/8	10	50	TA
15o	Canon EOS 5D Mark IV	25	1,6	10	50	TA
15u	Canon EOS 5D Mark III	50	3,2	10	50	TA
16	Canon EOS 5D Mark IV	70	1/800	9	400	MM
17o	Canon EOS 5D Mark IV	27	1/800	2,8	800	MM
17u	Canon EOS 5D Mark III	21	1/8	10	50	TA
18/19	Canon EOS 5D Mark IV	25	1,6	13	50	TA
48/49	Canon EOS 5D Mark II	21	1/100	10	200	TA
B Darßer Ort						
6/7	Canon EOS-1D X	1000	1/100	8	3200	MM
27o	Canon EOS 5D Mark IV	840	1/320	10	400	MM
39o	Canon EOS-1D X	500	1/1250	4	1600	MM
42	Canon EOS-1D X	700	1/500	5,6	1250	MM
43	Canon EOS-1D X	700	1/125	5,6	640	MM
46o	Canon EOS 5D Mark IV	700	1/640	5,6	640	MM
46u	Canon EOS-1D Mark III	500	1/320	6,3	1600	MM
54	Canon EOS 5D Mark IV	50	1	1,4	4000	TA
59ol	Canon EOS 5D Mark IV	33	1/1250	5	1000	TA
60/61	Canon EOS 5D Mark IV	135	1/8	4	50	TA

Müritz-Nationalpark

Seite	Kamera	Brennweite in mm	Belichtung in Sek.	Blende f/	ISO	Fotograf
A Mühlensee						
62/63	Canon EOS 5D Mark III	135	1/2500	2	50	TA
75	Canon EOS 5D Mark III	135	1/20	2	50	TA
82o	Canon EOS 5D Mark IV	700	1/60	5,6	1600	MM
B Leppinsee/Woterfitzsee						
64/65	Canon EOS 5D Mark III	50	0,4	13	50	TA
82u	Canon EOS 5D Mark III	400	1/2500	5,6	1000	TA
83	Canon EOS-1D X	700	1/400	5,6	800	MM
84/85	Canon EOS 5D Mark IV	35	0,3	10	50	TA
C Rederang See/Specker See						
66	Canon EOS-1D Mark III	250	1/320	9	400	MM
73o	Canon EOS 5D Mark IV	700	1/6	5,6	3200	MM
88	Canon EOS-1D X	600	1/2000	5,6	800	MM
89	Canon EOS-1D X	500	1/320	9	400	MM
90o	Canon EOS-1D X	840	1/125	5,6	1600	MM
97o	Canon EOS 5D Mark IV	600	1/400	9	800	MM
D Teilgebiet Serrahn						
67	Canon EOS 5D Mark III	70	1/250	5	1000	TA
70	Canon EOS-1D X	500	1/320	6,3	1600	

Nationalpark Jasmund

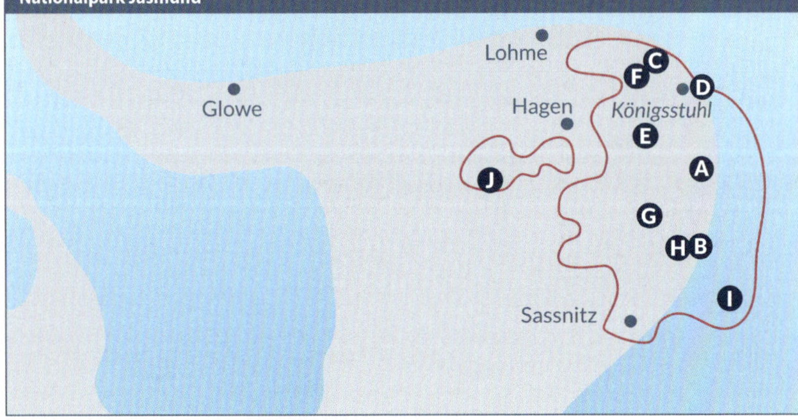

Seite	Kamera	Brennweite in mm	Belichtung in Sek.	Blende f/	ISO	Fotograf
A Kreideküste nahe Kieler Bach						
116/117	Canon EOS 5D Mark IV	18	0,6	10	50	TA
119o	Canon EOS-1D Mark III	40	1/200	18	200	MM
124	Canon EOS 5D Mark IV	100	5	10	50	TA
125	Canon EOS 5D Mark IV	50	1/30	10	50	TA
130	Canon EOS 5D Mark IV	18	1/60	11	400	TA
131	Canon EOS 5D Mark IV	18	1/80	10	100	TA
139	Canon EOS 5D Mark II	18	0,3	10	50	TA
144/145	Canon EOS 5D Mark IV	18	30	2,8	400	TA
146	Canon EOS 5D Mark III	135	1/50	2	50	TA
153	Canon EOS 5D Mark IV	18	1/4	8	500	TA
B Kreideküste nahe Waldhalle						
122/123	Canon EOS 5D Mark IV	35	10	13	50	TA

Seite	Kamera	Brennweite in mm	Belichtung in Sek.	Blende f/	ISO	Fotograf
C Osterwald						
10	Canon EOS 5D Mark III	135	1/80	4	50	TA
29o	Canon EOS 5D Mark III	35	1/200	1,4	50	TA
29u	Canon EOS 5D Mark III	135	1/125	2	50	TA
D Bodden mit Schilfgürteln						
11	Canon EOS-1D X	1000	1/320	8	1600	MM
33	Canon EOS 5D Mark IV	25	1/4	10	50	TA
34o	Canon EOS 30D	37	1/60	5	400	MM
34u	Canon EOS-1D X	500	1/1600	5,6	400	MM
35o	Canon EOS 5D Mark IV	135	1/125	10	100	TA
40	Canon EOS-1D Mark IV	700	1/2000	8	400	MM
41o	Canon EOS 5D Mark IV	43	1/160	4,5	100	MM
41u	Canon EOS-1D X	500	1/640	8	800	MM
E Prerower Strom und Feuchtwiesen						
20	Canon EOS 5D Mark III	135	1/500	2	50	TA
21	Canon EOS 30D	700	1/320	6,3	400	MM
F Pramort						
22o	Canon EOS 5D Mark IV	600	1/250	8	400	MM
22u	Canon EOS 5D Mark IV	24	15	22	400	MM
23	Canon EOS-1D X	700	1/4	5,6	1600	MM
24	Canon EOS 5D Mark IV	600	1/100	6,6	1250	TA
25o	Canon EOS-1D X	700	1/800	5,6	800	MM
35u	Canon EOS-1D Mark IV	24	1/1000	3,5	1600	MM
G Windwatt						
25u	Canon EOS 5D Mark IV	1120	1/320	8	2000	TA
44	Canon EOS-1D Mark III	500	1/1250	7,1	400	MM
45	Canon EOS 5D Mark IV	70	1/1250	4	400	MM
H Darßwald						
26	Canon EOS 30D	700	1/160	5,6	400	MM
27u	Canon EOS 5D Mark III	400	1/200	6,3	500	TA
28o	Canon EOS 5D Mark II	20	4,0	22	50	TA
28u	Canon EOS-1D Mark III	400	1/250	5,6	400	MM
I Vogelschutzinsel Kirr						
30o	Canon EOS 5D Mark IV	600	1/640	4,5	400	MM
32ol	Canon EOS-1D X	700	1/1000	5,6	400	MM
32or	Canon EOS-1D X	700	1/160	5,6	1600	MM
32ul	Canon EOS-1D X	840	1/400	5,6	800	MM
32ur	Canon EOS-1D X	700	1/500	5,6	800	MM
38	Canon EOS 5D Mark IV	70	1/2500	5	1000	TA
J Dornbusch						
30ur	Canon EOS 30D	300	1/80	10	400	MM
55	Canon EOS 5D Mark IV	18	0,6	3,5	500	TA
56o	Canon EOS 5D Mark IV	95	1/800	4	100	TA
56u	Canon EOS 5D Mark IV	35	1/100	1,4	50	TA
57	Canon EOS 5D Mark IV	18	0,3	4	200	TA
59u	Anafi	4	1/540	2,4	200	TA
K Gellen						
31	Canon EOS 5D Mark IV	24	1/125	14	100	TA
L Hohe Düne						
50	Canon EOS 5D Mark III	15	1/20	10	100	TA
51	Canon EOS 5D Mark III	18	1/20	10	50	TA
M Nordstrand Ostzingst						
36	Canon EOS 5D Mark IV	18	13	13	50	TA
37	Canon EOS 5D Mark IV	18	1/100	10	50	TA
39u	Canon EOS 5D Mark IV	55	1,3	20	100	MM
47o	Canon EOS 30D	55	1/250	10	100	MM
47u	Canon EOS-1D Mark IV	700	1/160	20	400	MM
52o	Canon EOS 5D Mark III	15	1/6	22	50	TA
52u	Canon EOS 5D Mark III	18	1/60	10	200	TA
53	Canon EOS 5D Mark III	18	6	22	50	TA
N Bock, Werder-Inseln						
58	Canon EOS 7D Mark II	42	1/320	4	1000	MM
59or	Canon EOS-1D X	35	1/800	7,1	800	MM

Seite	Kamera	Brennweite in mm	Belichtung in Sek.	Blende f/	ISO	Fotograf
71o	Canon EOS-1D X	500	1/320	5,6	800	MM
71u	Canon EOS 5D Mark IV	600	1/320	5,6	400	MM
87u	Canon EOS 5D Mark IV	100	1/640	2	50	TA
100	Canon EOS 5D Mark III	18	1/5	10	50	TA
101	Canon EOS 5D Mark IV	135	1/13	2	50	TA
E Schweingartensee						
68/69	Canon EOS 5D Mark IV	600	1/200	9	800	MM
86	Canon EOS 5D Mark III	21	1/5	10	50	TA
114	Canon EOS 5D Mark III	135	120	5	50	TA
F Ostufer Müritz						
72	Anafi	4	1/120	2,6	142	TA
90u	Canon EOS-1D X	700	1/400	8	400	MM
97ur	Canon EOS-1D X	500	1/250	4,5	1600	MM
106	Canon EOS-1D X	500	1/80	13	400	MM
G Felder/Wiesen						
74o	Canon EOS-1D X	700	1/160	5,6	1600	MM
74u	Canon EOS-1D X	700	1/80	5,6	800	MM
92	Canon EOS-1D X	182	1/400	2,8	1600	MM
93u	Canon EOS 30D	100	1/125	4,5	100	MM
97ul	Canon EOS-1D Mark III	700	1/160	13	200	MM
98o	Canon EOS 5D Mark III	100	1/2000	2	200	TA
98u	Canon EOS 5D Mark III	100	1/160	2	500	TA
99	Canon EOS 5D Mark II	20	5	10	100	TA
H UNESCO-Weltnaturerbe Buchenwald						
76	Canon EOS 5D Mark III	135	0,8	10	50	TA
77	Canon EOS 5D Mark III	50	1,3	4	50	TA
102	Canon EOS 5D Mark IV	50	0,5	10	50	TA
103	Canon EOS 5D Mark IV	35	1/100	4	500	TA
108/109	Canon EOS 5D Mark III	46	1/50	10	500	TA
110	Canon EOS 5D Mark III	35	1,3	10	50	TA
111	Canon EOS 5D Mark III	100	1/6	4	50	TA
112o	Canon EOS 5D Mark IV	50	1/100	5	200	TA
I Seen/Moore rund um Boeck						
78	Canon EOS-1D X	700	1/160	5,6	1600	MM
79o	Canon EOS-1D X	700	1/640	5,6	800	MM
79u	Canon EOS-1D X	700	1/160	5,6	800	MM
80/81	Canon EOS-1D X	700	1/640	5,6	400	MM
87o	Canon EOS 5D Mark IV	135	1/125	5	50	TA
91	Canon EOS-1D X	700	1/320	5,6	1600	MM
93o	Canon EOS-1D X	100	1/500	2,8	800	MM
96	Canon EOS 5D Mark IV	700	1/400	5,6	800	MM
J Wienpietsch-Seen						
94o	Canon EOS 5D Mark III	24	1/800	5	200	TA
94u	Canon EOS 5D Mark IV	100	1/125	2,8	100	MM
95	Canon EOS-1D X	700	1/160	5,6	1600	MM
112u	Canon EOS 5D Mark II	20	30	10	50	TA
K Bolter Kanal						
104	Canon EOS-1D Mark III	500	1/125	4	800	MM
105	Canon EOS-1D Mark III	500	1/125	4	800	MM
L Speck						
113	Canon EOS-1D Mark III	700	1/100	18	800	MM
M Käflingsberg						
107	Canon EOS 5D Mark II	20	1,3	10	50	TA

Seite	Kamera	Brennweite in mm	Belichtung in Sek.	Blende f/	ISO	Fotograf
C Hangwälder						
128	Canon EOS 5D Mark III	18	4	10	50	TA
148	Canon EOS 5D Mark III	18	3,2	18	50	TA
149	Canon EOS 5D Mark III	18	5	8	200	TA
D Königsstuhl						
119u	Canon EOS 5D Mark IV	135	5	5	50	TA
132	Canon EOS 5D Mark IV	25	0,8	14	50	TA
133	Canon EOS 5D Mark III	35	30	7,1	200	TA
E UNESCO-Weltnaturerbe Buchenwald						
129	Canon EOS 5D Mark IV	18	6	10	50	TA
147	Canon EOS 5D Mark III	135	25	10	100	TA
150o	Canon EOS 5D Mark IV	18	1/60	8	100	TA
150u	Canon EOS 5D Mark IV	18	3,2	20	50	TA
151	Canon EOS 5D Mark IV	50	1,6	10	100	TA
F Hertha-See						
121	Canon EOS 5D Mark III	135	1/250	2	200	TA
140/141	Canon EOS-1D X	500	1/400	9	200	MM
G Lichtungen und Wiesen						
120	Canon EOS-1D X	500	1/50	4	1000	MM
126	Canon EOS 30D	700	1/500	5,6	400	MM
127	Canon EOS-1D X	500	1/250	8	400	MM
H Uferbereich						
134/135	Canon EOS-1D X	700	1/1600	6,3	400	MM
137	Canon EOS-1D X	700	1/2000	5,6	800	MM
138	Canon EOS 5D Mark II	18	0,5	10	50	TA
152	Canon EOS 5D Mark IV	25	30	14	50	TA
I Küstengewässer						
136o	Canon EOS-1D X	500	1/400	11	100	MM
136u	Canon EOS-1D X	700	1/640	5,6	500	MM
142	Canon EOS-1D Mark III	400	1/1000	5,6	400	MM
154/155	Canon EOS 5D Mark III	18	120	8	100	TA
J Wälder im Randbereich						
143o	Canon EOS 5D Mark IV	30	1/160	5	800	MM
143u	Canon EOS-1D Mark III	40	1/60	4	100	MM

Bibliografische Information der Deutschen Nationalbibliothek
Die Deutsche Nationalbibliothek verzeichnet diese Publikation in der deutschen Nationalbibliografie; detaillierte bibliografische Daten sind im Internet über https://dnb.de abrufbar.

ISBN 978-3-8426-5506-5 (Print)
ISBN 978-3-8426-5507-2 (PDF)
ISBN 978-3-8426-5508-9 (EPUB)

Originalausgabe

Die Ratgebermarke der Schlüterschen Verlagsgesellschaft mbH & Co. KG
Hans-Böckler-Allee 7, 30173 Hannover
www.humboldt.de
www.schluetersche.de

Aus Gründen der besseren Lesbarkeit wurde in diesem Buch teilweise die männliche Form gewählt, nichtsdestoweniger beziehen sich Personenbezeichnungen gleichermaßen auf Angehörige des männlichen und weiblichen Geschlechts sowie auf Menschen, die sich keinem Geschlecht zugehörig fühlen.

Lektorat:	wort & tat, Linda Strehl, München
Layout und Satz:	PER MEDIEN & MARKETING GmbH
Covergestaltung:	ZERO, München
Covermotiv:	Timm Allrich
Fotos:	Timm Allrich, Mario Müller
Karten:	Stock.adobe.com – Artalis-Kartographie
Druck und Bindung:	Neografia, Martin-Priekopa, Slovakia